THERMES

DE NAPOLÉON.

MÉMOIRES

DE NAPOLÉON

THERMES
DE NAPOLÉON,

PROJETÉS

SUR LE TERRE-PLEIN DU PONT-NEUF,

PAR A. J. B. G. GISORS,

ARCHITECTE DES BATIMENS CIVILS.

~~~~~~~~~~~~~~~~

AVANT-PROPOS.

———

Lorsque les travaux immenses que l'on exécute
de toutes parts pour l'embellissement de Paris
attestent que la volonté du Gouvernement est que
cette métropole de l'empire rivalise bientôt en
magnificence avec l'antique métropole du monde,
les beaux arts ne doivent-ils pas à l'envi briguer
l'honneur de participer à un tel acte de grandeur;
et quiconque les exerce ne doit-il pas s'empresser
d'offrir le fruit de ses méditations lorsqu'elles se

rapportent aux grandes opérations qui ont pour objet de donner à la capitale toute la splendeur dont elle est susceptible? Sans doute une aussi belle tâche semble n'être réservée qu'aux premiers talens, et peut-être n'eussé-je point tenté d'y participer, si, moins jaloux de présenter une idée que je crois utile, je n'avois consulté que mes forces. Je n'offre donc cette idée que comme un simple aperçu susceptible d'un meilleur développement : néanmoins ne voulant pas l'exposer trop vaguement, je me suis permis d'en faire un projet qui peut-être ne sera pas approuvé sous le rapport de l'art, mais qui du moins mérite, ce me semble, quelque attention, en ce qu'il sort de la cathégorie de certaines productions, qui, tout en montrant des avantages, ne sont toutefois que de belles chimères lorsque des moyens pour leur exécution sont omis, ou qu'ils consistent en des ressources éventuelles.

Le projet que je propose réunit à des avantages certains des ressources assurées qui garantissent la facilité de son exécution : c'est pourquoi j'ai lieu d'espérer qu'il sera remarqué comme très-praticable, et peut-être trouvé digne d'un examen sérieux.

Les avantages que ce projet présente sont d'ériger, à l'instar des thermes des anciens, un édifice moins vaste à la vérité, mais non moins utile;

de remplacer par cet édifice un château d'eau tombant en ruine, et dont le service peut à chaque moment être interrompu; de donner une destination très-utile à un emplacement à peu près vague; d'ajouter au pittoresque du plus beau point de vue de Paris; et enfin de pourvoir, sans mise de fonds de la part du Gouvernement, mais par l'effet d'une simple spéculation, à une dépense nécessaire et qui bientôt sera indispensable.

Je n'entrerai point dans des détails pour convaincre de la réalité de certains de ces avantages : ceux-là sont par eux-mêmes assez palpables. Je me bornerai à prouver par de simples raisonnemens la nécessité d'ériger un édifice public au lieu indiqué, et à faire remarquer qu'en ajoutant à la magnificence des lieux qui environnent le point sur lequel je projette, on augmenteroit d'autant les témoins qui attesteront un jour la splendeur de la nouvelle Rome. Je ferai connoître ensuite, par une description, toutes les parties des deux établissemens que mon projet embrasse, et que j'ai réunis, autant à cause de leur analogie que pour profiter des avantages que devra procurer l'application des moyens hydrauliques de l'un à l'activité de l'autre. Je donnerai après quelques détails, tant sur les dépenses qu'occasionneroit la formation de ces établissemens, que sur

1 *

la stipulation des concessions en vertu desquelles
le Gouvernement n'auroit à participer en aucune
autre manière à ces dépenses, et je terminerai par
l'exposition des bases du revenu destiné à former
l'indemnité des avances à faire par les spéculateurs
à qui l'on devroit la construction de cet utile
monument.

*Preuves de la nécessité d'ériger un édifice public
sur le terre-plein du Pont-Neuf.*

L'homme éprouve la plupart des sensations mo-
rales par l'usage de deux de ses sens, *la vue* et
l'ouïe; peut-être même n'est-ce qu'à ces deux
seuls sens qu'il doit exclusivement cette sorte de
sensations. C'est donc sur la vue et sur l'ouïe
qu'il faut faire impression pour affecter l'ame,
soit en bien, soit en mal. En partant de ce prin-
cipe, et en l'appliquant à l'harmonie, l'une des
principales sources des sensations dont notre ame
puisse être affectée, je me permettrai une digres-
sion qui ne m'écartera un moment de mon sujet que
pour m'y ramener avec plus d'avantage, et que
j'aurois néanmoins épargné au lecteur, si, plus
sûr de ma dialectique, je n'avois pas eu à craindre
de n'être pas assez intelligible.

L'harmonie, prise au figuré comparativement
avec l'harmonie musicale, frappe l'œil comme celle-
ci frappe l'oreille.

L'harmonie musicale produit des sensations, parce qu'elle est une oraison expressive. Cette oraison se compose du méthodique arrangement de divers accords formés chacun de plusieurs sons rendus à la fois. En effet, des sons combinés pour former des accords sont en quelque sorte des lettres arrangées de manière à former des mots. Ces mots assemblés composent des phrases diversement significatives, qui produisent une harmonie particulière. Plusieurs de ces phrases, méthodiquement et judicieusement employées, constituent l'ensemble d'une œuvre de musique, et par cela produisent l'harmonie générale. Cette définition doit faire sentir que l'harmonie particulière a pour objet de dépeindre spécialement les passions, et que l'harmonie générale sert à les mettre ensemble en action : c'est ce qui me fait dire qu'elle est une oraison expressive.

L'harmonie, prise au figuré comparativement avec l'harmonie musicale, et rapportée à l'architecture, produit des sensations, parce qu'elle est aussi une sorte de langage indicatif et éloquent qui naît de l'union intime des principes d'où émanent les diverses beautés des compositions de cet art. Ces principes se forment du genre, du style, du caractère, de la proportion, de la dimension et de la convenance.

Le genre se forme de ce qui est particulier aux architectures civile, militaire et rurale.

Le style se compose de certains détails qui distinguent l'architecture des différens peuples, telles que les architectures égyptienne, grecque, étrusque, romaine, mauresque, gothique, etc.

Le caractère s'obtient par ce qui peut faire reconnoître à quel usage un édifice est spécialement affecté.

La proportion est d'établir la juste différence qui, pour éviter la monotonie, doit exister entre des parties dont le rapport est immédiat.

La dimension détermine exactement l'étendue et la grandeur d'un édifice selon son usage.

La convenance consiste à éviter la disparité et les inconvéniens qui résulteroient de la réunion sur un même point de plusieurs bâtimens publics trop différens, soit par leur étendue, soit par leur usage.

Chacun des principes primordiaux que je viens de citer succinctement est composé d'élémens qui sont à lui ce que les sons sont aux accords. Je compare ces principes, comme j'ai fait des accords, à des mots dont l'assemblage compose des espèces de phrases non moins significatives que celles produites par les accords des sons. Ces phrases forment l'harmonie particulière à un édifice, et plusieurs de ces phases réunies produisent une harmonie générale qui se rapporte à l'ensemble qu'offrent plusieurs édifices publics réunis sous un même aspect. D'après cette définition, on doit apercevoir que l'harmonie particulière à un édifice donne sur lui des notions et indications satisfaisantes, comme l'harmonie générale en donne sur la splendeur d'une grande cité, et sur l'intelligence et les talens de ses édiles. L'harmonie se rapportant à l'architecture, est donc aussi, s'il est permis d'ainsi s'exprimer, une sorte de langage indicatif et éloquent.

Si l'harmonie doit être considérée comme l'une des premières sources des sensations agréables que l'ame puisse éprouver par les sens de la vue et de l'ouïe, et si cette source est la seule de laquelle puisse découler l'admiration et la délectation, ce qui n'a point avec elle d'affinité nuit essentiellement à ses effets en atténuant leurs causes : or, en partant des principes cités relativement à l'architecture, il ne peut y avoir d'affinité entre le genre rural et le genre civil, entre le style gothique et le style grec, entre le caractère sévère et le caractère léger, entre ce qui doit être varié et ce qui doit être uniforme, entre ce qui doit être vaste et ce qui doit être petit, et enfin entre ce qui est indispensablement désagréable et ce qui doit être enchanteur. En effet, une chaumière contre un palais, une prison près d'un théâtre, un fuseau contre une colonne, une infirmerie particulière grande comme un hôpital, une boucherie dans une promenade publique, seroient autant de contrastes et d'incohérences qui détruiroient cette harmonie générale dont la vue fait jouir l'ame.

Si l'on applique à mon sujet les principes et les exemples précédens, que présente maintenant le terre-plein du Pont-Neuf, sinon le ridicule contraste d'une taverne avec un louvre, un palais des arts, un hôtel des monnoies, des quais superbes? Que présente ce château d'eau, dit la Samaritaine, périssant de vétusté, et se soutenant à peine sur un amas confus de béquilles dont le maladroit assemblage est détraqué, sinon un parfait contraste avec les édifices cités? Que présentent encore au milieu du plus beau pont de Paris deux masures chamarrées d'ornemens et de couleurs de toutes sortes, obstruant l'issue principale d'une place digne maintenant d'une entrée plus noble, sinon encore un contraste quant aux mêmes édifices? Enfin, et toujours comparativement avec ces édifices, que présente le dégoûtant ramas de bicoques entassées les unes sur un cloaque, et les autres sur un pont très-passager qu'elles obstruent, sinon de tous les contrastes mentionnés le plus bizarre et le plus choquant?

Il est donc nécessaire, pour mettre en harmonie générale le magnifique tableau formé de l'ensemble des édifices rangés sur les rives de la Seine
près le Pont-Neuf, de faire disparoître la taverne
qui est sur son terre-plein, de détruire entière-
ment la Samaritaine, de masquer les bâtimens
qui bordent la place Desaix ainsi que les maisons du pont Saint-Michel et celles y adhéren-
tes. Sans doute le louvre, l'hôtel des monnoies,
le palais des arts, les quais, les ponts et ce qui
les environne présentent un ensemble imposant;
mais cet ensemble manquant d'harmonie, il n'a
pas cette grandeur et cette magnificence sans
lesquelles Paris ne pourra jamais rivaliser avec
l'antique Rome.

Je crois m'être assez étendu sur la nécessité de
bâtir un édifice public sur le terre-plein du Pont-
Neuf, et sur les avantages qui résulteroient de
multiplier dans Paris des monumens durables. Je
passe au développement de mon projet qui, en
réunissant des bains publics à un château d'eau
devant suppléer à la Samaritaine, forme des thermes
à l'instar de ceux des anciens.

Descriptions.

On prouveroit très mal à propos la nécessité de
détruire un édifice dont le désagréable aspect peut

nuire à un grand effet desiré, si, lorsque cet édifice est d'une utilité essentielle, on ne proposoit
sa réédification en même temps que sa destruction ; car des avantages qui ne se rapportent qu'à
des jouissances, ne peuvent jamais compenser
ceux qui se rapportent à des besoins. Pénétré de
cette vérité je ne me serois pas permis de proposer la destruction d'une pompe très-utile, sans
présenter les moyens d'en établir une autre capable
de faire au moins le même service.

Mon projet comprend donc la construction d'une
machine hydraulique à laquelle seroient adaptés
des bâtimens formant un vaste château d'eau, et
contenant aussi des bains publics. Afin d'avoir des
pièces ostensibles à l'appui de ce que je dirois s'il
me falloit commenter mon projet, je l'ai composé
de quatre manières différentes : néanmoins je ne
soumets maintenant à la censure publique que celles
de ces compositions qui réunissent les plus grands
avantages dont elles pouvoient être susceptibles,
c'est-à-dire celles qui, par un plus grand nombre
de cabinets de bains, procureroient un plus fort
revenu. Ces deux compositions que j'ai développées
par quatorze dessins (1), quoique très - différentes

(1) Ces dessins seront toujours visibles chez l'auteur, après
l'exposition publique du salon, où ils sont maintenant ex-
posés.

dans leurs décorations, sont à peu près les mêmes dans leurs distributions, parce que le parti de leurs plans est celui qui m'a procuré les avantages dont je viens de parler. Si c'étoit ici la place d'une dissertation sur les moyens de parvenir à faire reconnoître l'usage particulier d'un édifice, c'est-à-dire sur les moyens de lui donner son caractère, je crois qu'il me seroit possible de prouver que celui que j'ai traité avec des styles différens n'en porte pas moins le caractère qui lui est propre ; mais je dois me borner à décrire mes deux compositions en les abandonnant à la judicieuse censure des artistes plus capables que moi d'approfondir une telle matière.

Ensemble du projet.

Un vaste château d'eau érigé à l'alignement des garde-fous du trottoir du pont feroit face à la place Desaix. Derrière et attenant ce château d'eau seroient des corps de bâtimens séparés qui contiendroient des bains pour les deux sexes. Au centre du terre-plein, entre ces deux bâtimens, seroit une fontaine toujours jaillissante (1). Cette fontaine seroit aperçue d'une part au travers d'u

(1) Cette fontaine n'auroit lieu que par la plus simple des deux compositions.

portique à jour , pratiqué dans toute la hauteur
du château d'eau , et d'autre part elle seroit en-
tièrement vue des quais du Louvre et de la Mon-
noie , et des ponts des arts et des Tuileries. Le
mécanisme de la pompe devant suppléer à la Samaritaine seroit établi contre la face latérale du
terre-plein , côté du nord , dans l'angle rentrant
formé par le terre-plein et le pont. A droite et à
gauche de ce terre-plein deux escaliers partant
directement des trottoirs du pont conduiroient à
une vaste salle qui pourroit au besoin être ajoutée
à la localité des bains, mais qui par ce projet est
spécialement destinée à former un lieu de rafraî-
chissement. Les mêmes escaliers se réuniroient sur
la face principale du terre-plein , et n'en forme-
roient plus qu'un fort large conduisant à des bains
de rivière particuliers et banaux , qui pourroient
être établis à l'extrémité de la berge.

Détails concernant la plus simple des deux com-
positions.

Le principal corps de bâtiment est percé au
milieu d'un portique formé de grandes arcades
surmontées de trois *culs-de-four à pendentifs.* Sur
ces arcades est une galerie à jour, sur la voûte de
laquelle sont des réservoirs pouvant contenir ensemble *quatre mille trois cent quatre vingts pieds*

cubes d'eau. Un attique pratiqué pour cacher les cheminées des fourneaux des bains surmonte l'étage où sont les réservoirs. Cet attique porte une inscription latine faisant allusion à la puissance de Napoléon Ier , sous les auspices de qui cet édifice seroit érigé si l'établissement qu'il contiendroit pouvoit être trouvé digne de la protection de ce grand homme. A droite et à gauche du portique deux péristiles décorés de pilastres d'ordre grec marquent l'entrée des bains. A la suite des péristiles, sont des vestibules d'où partent des escaliers à doubles rampes qui *montent de fond*. Ces escaliers desservent huit galeries contenant ensemble *cent soixante et seize* cabinets de bains. Leurs cuves et leurs fourneaux sont dans des emplacemens réservés à cet effet entre les escaliers et la galerie qui est au-dessus du grand portique. Cette galerie forme un promenoir couvert, percé au levant et au couchant de dix-huit arcades qui pénètrent une voûte *en berceau* ornée de larges *caissons*. Les galeries des cabinets de bains sont décorées de pilastres entre lesquels est l'entrée de chacun de ces cabinets. Au-dessus de ces entrées est un intervalle par où le jour arrive dans les galeries, nonobstant celui qu'elles reçoivent par trois croisées qui sont à l'extrémité de chacune d'elles. Ces intervalles au-dessus du plafond des cabinets contiennent les tuyaux de distribution, dont l'entretien seroit facile, puisqu'ils sont dégagés de toute part, sans cependant être aperçus des galeries. Ces galeries, qui ont chacune 56 pieds de long sur 15 de large, procureroient un service très-facile. Sur le terre-plein, contre chaque corps de bâtiment contenant les bains, sont plusieurs gradins destinés à porter des vases qui seroient garnis de fleurs de chaque saison. La fontaine jaillissante qui est entre ces deux rangs de gradins est composée d'une *vasque* soutenue par quatre figures. Cette vasque jette ses eaux dans un bassin, aux quatre angles duquel sont des figures en gaîne, tenant des vases d'où coule une eau qui tombe dans ce même bassin.

Détails concernant l'autre composition.

Cette seconde composition, ainsi que je l'ai dit plus haut, est à peu près, dans sa distribution intérieure, de même que celle qui vient d'être décrite ; mais elle en est très-différente dans sa décoration. Sa façade, côté du pont, porte le style de certains des thermes des Romains. Ainsi que ces thermes, cette façade est percée de trois grandes arcades ; celle du milieu est au-dessus d'un péristile de colonnes corinthiennes, qui forme l'entrée principale des thermes : les deux autres servent de croisées aux escaliers des galeries des bains. Au-dessous de ces deux arcades deux petits péristiles d'ordre dorique (1) avec frontons marquent l'entrée particulière des bains : au surplus, tout ce qui constitue cette composition-ci ne diffère pas assez de l'autre pour qu'il soit besoin de la détailler aussi dans toutes ses parties. D'ailleurs, cette composition étant peut-être celle des deux la moins susceptible d'exécution , parce qu'elle est la moins simple, je n'y ai fait aucunement rapporter ce qui va être dit des dépenses et de la spéculation par laquelle elles pourroient être effectuées : ce n'est donc qu'à la première qu'il faut appliquer tout ce qui suit.

---

(1) On me reprochera peut-être d'avoir, sur une même façade, employé près de l'ordre le plus riche un ordre beaucoup plus simple ; ce qui en effet peut sembler être un défaut d'harmonie : mais je prie de remarquer que mon projet comprend deux établissemens assez distincts pour que l'édifice qui les contient porte un caractère mixte. L'un de ces établissemens est essentiellement monument ; il lui falloit de la richesse : l'autre est de pure utilité publique ; il ne lui falloit que de la simplicité. Telles sont les raisons qui ont motivé ce qui semble être un défaut d'harmonie.

Sommaire extrait d'un devis général comprenant les ouvrages de tous genres et les fournitures de toutes sortes à faire pour la construction des bâtimens et la formation des établissemens qui viennent d'être décrits.

Translation du mécanisme de la Samaritaine, et augmentations et changemens à faire à cette pompe, estimés	400,000 fr.
Bâtiment du château d'eau	384,000
Bâtimens contenant les bains	174,000
Plomberie et chaudronnerie	290,000
Accessoires divers	25,000
TOTAL	1,273,000

Les grands escaliers descendant sur la berge, l'ajustement du revêtement du terre-plein, la fontaine jaillissante et quelques autres objets de ce genre, qui ne sont pas essentiellement nécessaires à l'établissement du château d'eau et des bains projetés, ne sont pas compris dans la dépense énoncée ci-dessus. Cette dépense d'*un million deux cent soixante et treize mille francs* seroit seule à la charge de la compagnie qui entreprendroit la formation de ces établissemens.

Stipulation des concessions, abandons et priviléges
en vertu desquels le Gouvernement n'auroit à
participer en aucune manière pécuniaire aux
dépenses qu'occasionneroit la construction de
la Samaritaine sur le terre-plein du Pont-Neuf.

L'état de vétusté et de ruine dans lequel est le
bâtiment de la Samaritaine, et l'impérieuse nécessité de prévenir le moment où le mécanisme de ce
château d'eau, une fois détraqué, ne pourra plus
fournir aux besoins des habitans de Paris, sont
d'assez puissans motifs pour que les propositions
qui suivent soient au moins prises en sérieuse
considération. D'ailleurs l'économie qu'elles présentent doit engager à les agréer d'autant mieux,
qu'avant peu on seroit contraint de puiser dans
le trésor public pour fournir à une dépense con-
sidérable dont il peut avantageusement être dé-
chargé par l'effet d'une spéculation qui, sous tous
les rapports, tend moins à l'intérêt particulier
qu'à l'intérêt général. Si cette vérité semble dé-
montrée, pourra-t-on hésiter à tirer parti d'une
ressource qui est ici le seul véhicule puissant
des propositions à faire à des bailleurs de fonds?
Pourroit-on négliger d'aliéner au profit du trésor
public un emplacement vague et sans produit, et
se refuser à constituer des priviléges qui ne peu-

2

vent nuire aux intérêts de personne, et qui d'ailleurs, de toutes les immunités que le Gouvernement puisse accorder, est la moins onéreuse ? Au reste, employer de tels moyens pour ménager les deniers publics, n'est-ce pas prouver que la sagesse des magistrats sait pourvoir aux besoins du peuple en conciliant l'économie avec l'importance de ses besoins ? J'ose donc proposer avec confiance ce qui est mentionné aux articles suivans.

ARTICLE PREMIER.

Le château d'eau dit *la Samaritaine* seroit reconstruit sur le terre-plein du Pont-Neuf, d'après des dessins adoptés par le ministre de l'intérieur, aux frais d'une compagnie, sans que le Gouvernement ait à participer à cette opération autrement qu'ainsi qu'il est dit ci-après.

ART. II.

Les fontaines publiques dépendantes maintenant de la Samaritaine seroient sans exception mises à la disposition de la compagnie.

ART. III.

Le terre-plein du Pont-Neuf et les constructions qui en font le revêtement seroient donnés en *toute propriété* à la compagnie ou à ses ayans-cause , à la charge par elle de verser au trésor public un cautionnement égal à la valeur de ce terre-plein , qui sera évalué à dire d'experts ; duquel cautionnement la compagnie recevroit par trimestre du trésor public les intérêts au taux de cinq pour cent.

A r t. I V.

Le cautionnement versé au trésor par la compagnie seroit rendu à elle ou à ses ayans-cause aussitôt que la nouvelle pompe seroit en état de faire un service au moins égal à celui que fait présentement celle à démolir.

A r t. V.

Le vieux bâtiment de la Samaritaine, ses pompes et leurs agrès, sa charpente, ses fers, ses plombs, ses fontes et sa digue seroient démolis aux frais de la compagnie, à qui les matériaux de toutes espèces provenant de cette démolition appartiendroient sans exception.

A r t. V I.

Les susdites démolitions ne pourroient être effectuées que lorsque le château d'eau à faire à neuf seroit à un degré d'avancement tel qu'il puisse faire le présent service de la Samaritaine.

2 *

A ʀ ᴛ. V I I.

La compagnie auroit l'entière possession du château d'eau qu'elle auroit fait construire, et celles des fontaines qui en dépendroient, dans le cours seulement de cinquante années, après lesquelles le gouvernement rentreroit dans cette possession.

A ʀ ᴛ. V I I I.

La compagnie auroit la faculté d'établir dans les maisons particulières des réservoirs qu'elle fourniroit d'eau moyennant des abonnemens. Elle auroit en outre la faculté de percevoir un droit des porteurs d'eau qui en puiseroient aux fontaines que le château d'eau alimenteroit.

A ʀ ᴛ. I X.

La compagnie ne jouiroit du revenu formé des abonnemens et du droit perçu sur les porteurs d'eau que pendant les susdites cinquante années, après lesquelles ce revenu seroit versé à la caisse du département de Paris.

A ʀ ᴛ. X.

Le revenu formé des abonnemens et du droit sur les porteurs d'eau seroit, après les cinquante années, géré et perçu par une administration qui seroit composée de la compagnie, à moins toutefois que cette compagnie ne consentît à se désister du droit qui lui est réservé par le présent article. Les honoraires qui lui seroient alloués pour son administration ne seroient pas moindres que le dixième du revenu.

A r t. X I.

La compagnie fera construire à ses frais, d'après des dessins adoptés par le ministre de l'intérieur, les deux corps de bâtiment attenant le château d'eau, lesquels contiendroient les bains. Ces bâtimens appartiendroient *en toute propriété* à la compagnie ou à ses ayans-cause.

A r t. X I I.

Les passages, escaliers, fourneaux, étuves et toutes autres dépendances des bains, qui sont indispensablement dans le bâtiment du château d'eau, y seroient conservés à perpétuité, et en aucun cas, sous tel prétexte que ce puisse être, la compagnie ne pourroit en être privée, d'autant que toutes ces dépendances seroient parties intégrantes de ces bains.

A r t. X I I I.

Le portique formé par trois grandes arcades entre les bâtimens des bains ne pourroit être bouché ni intercepté en aucun cas. Pour sûreté de la présente clause, la jouissance dudit portique seroit garantie à perpétuité à la compagnie, attendu qu'il est essentiel au service et à l'agrément des bains.

A r t. X I V.

La jouissance exclusive des berges pourtournant le terre-plein, et longeant le quai des orfèvres seroit aussi garantie à perpétuité à la compagnie, à qui ces berges sont d'une absolue nécessité pour le service des bains.

A r t. X V.

La compagnie auroit à perpétuité le privilége exclusif d'établir chaque année, au devant et près la berge du terre-plein, un bain de rivière ou une école de natation, qui toutefois ne pourroient avoir leur exécution que sur des dessins adoptés par le préfet du département. La compagnie pourroit affermer le bain ou cette école si elle ne vouloit pas faire elle-même valoir cet établissement.

Revenu présumé qui formeroit l'indemnité des avances à faire par spéculation.

Les stipulations précédentes ont fait connoître de quelle nature sont et sur quoi portent les revenus dont jouiroient les bailleurs de fonds à qui la présente spéculation est offerte. Il reste à leur présenter d'une manière à peu près déterminée à quel taux ils placeroient la somme de *douze cent soixante-treize mille francs* qu'il leur faudroit débourser pour parvenir à l'entière exécution de l'utile et productif établissement dont il est question.

Revenu que les bains produiroient.

Le nombre des baignoires seroit de cent soixante-seize. En supposant que, pendant les quatre mois du temps le plus chaud, les baignoires fussent employées quatre fois par chaque jour de ces quatre mois, il en résulteroit pour chacun de ces jours sept cent quatre bains ; ce qui fait, pour cent vingt jours, 84,480 bains, qui, à raison d'un franc 50 cent. par bain, produiroient, pour les quatre mois, une recette de cent vingt-six mille sept cent vingt francs, ci . . . . 126,720 fr.

En supposant que, pendant quatre autres mois d'un temps moins chaud, les cent soixante-seize baignoires ne fussent employées chaque jour que deux fois, la recette de ces quatre mois seroit de soixante-trois mille trois cent soixante francs, ci. 63,360

En supposant que, pendant les quatre autres mois les plus froids de l'année, la recette ne fût que du quart de celle ci-dessus, elle produiroit quinze mille huit cent quarante francs, ci 15,840

Recette d'une année 205,920

Sur la somme de deux cent cinq mille neuf cent vingt francs, il convient de déduire, pour frais de toutes espèces, celle de 25,000 francs. Il resteroit donc, pour produit net des bains, la somme de cent quatre-vingt mille neuf cent vingt francs, ci 180,920

Revenu que le château d'eau produiroit.

En supposant que douze fontaines soient fournies par le château d'eau, et que chaque fontaine produisît chaque jour cinq francs, il en résulteroit par les douze fontaines une recette de 60 fr. par jour; ce qui produiroit par an un revenu de vingt-un mille neuf cents francs, ci 21,900

. En supposant cent abonnemens à 40 francs chaque, somme réduite, il en résulteroit un revenu annuel de quatre mille francs, ci . . 4,000

Recette d'une année 25,900

Sur la somme de vingt-cinq mille neuf cent
francs, il convient de déduire, pour frais de
toutes sortes, celle de 6,000 francs : resteroit
donc, pour produit net du château d'eau, dix-
neuf mille neuf cents francs, ci   19,900

Il appert des détails ci-dessus que les bailleurs
de fonds jouiroient pendant cinquante années,
pour une avance de 1,273,000 francs, d'un revenu
de *deux cent mille huit cent vingt francs*, et
qu'après ladite époque ils jouiroient à perpétuité d'un produit net de *cent quatre-vingt
mille neuf cent vingt francs*.

Puisse la spéculation ci-présentée être accueillie
et protégée par le Gouvernement, à qui, je le
répète, elle procureroit le précieux avantage de
pourvoir, sans puiser dans le trésor public, à
une dépense dont bientôt il ne pourra se dis-
penser !

Signé, GISORS, architecte des bâtimens civils.

BAUDOUIN, IMPRIMEUR DE L'INSTITUT.

www.ingramcontent.com/pod-product-compliance
Lightning Source LLC
Chambersburg PA
CBHW070747210326
41520CB00016B/4609